INHALT

Zu diesem Buch

LEBENSRAUM IM UMBRUCH Die Fläche von Deutschland ist heute nur noch zu 30 % mit Wald bedeckt – aber genau das ist der Lebensraum, auf den Eichhörnchen angewiesen sind. Unsere Wälder werden kleiner, von Ackerland, Siedlungen und Straßen zurückgedrängt und einzelne Waldstücke voneinander abgeschnitten. Besonders in den letzten Jahren sind riesige Waldflächen aufgrund von Hitzeperioden, Schädlingen und Fällungen verschwunden – vor allem die für Eichhörnchen enorm wichtigen Fichten haben es nicht leicht. Wird ihr ursprünglicher Lebensraum nun Stück für Stück unbewohnbarer, dann werden Parks und Gärten für die kleinen Nager immer wichtiger. Rund 37 Millionen Menschen in Deutschland besitzen einen Garten und sogar auf Terrassen und Balkonen kann man für Eichhörnchen, Vögel und Insekten schon Großes bewirken.

GERNE GESEHEN UND DOCH VERKANNT Nur wenige wissen, was den niedlichen Kobolden wirklich hilft - und was nicht.

EIN BISSCHEN WAS ZURÜCKGEBEN
Auch wenn Eichhörnchen durch ihre geschickten Sprünge und ihr emsiges Treiben gut beschäftigt, fröhlich und munter wirken, brauchen sie doch nicht selten unsere Hilfe. Trockene Sommer, unbewohnbare Asphaltflächen, fehlende Bäume und Gefahren rund um unsere Häuser machen ihnen das Leben schwer. Für ihre Umsiedlung in urbane Gegenden ist aber letztendlich unser industrialisierter Alltag verantwortlich – Zeit, etwas Lebensqualität zurückzugeben.

UM RICHTIG ZU HELFEN muss man die kleinen Nager zuerst verstehen und erkennen, was sie brauchen. Da sie mitten unter uns leben, können wir an verschiedensten Stellen unterstützen und unseren Garten dabei gleichzeitig auch für Igel, Vögel und andere Wildtiere zur Oase umgestalten.

EICHHÖRNCHEN-JUNGE haben es anfangs besonders schwer.

KLEINES WISSEN ÜBER SÜSSE NAGER

Kleine Kobolde

Rötlich, braun, grau oder schwarz: Das Fellkleid der Eichhörnchen kennt viele Farben und Variationen.

KEIN WUNDER, dass Eichhörnchen zu unseren wohl beliebtesten Wildtieren gehören. Durch ihre pinseligen Ohren, ihren flauschigen Schwanz, die kleinen „Greifhände" und ihre großen, runden Augen sehen sie schelmisch und sympathisch aus. Da sie tagaktiv sind können wir sie regelmäßig in Wäldern, Parks und Gärten bei ihrem emsigen Leben beobachten.

WARUM HEISST ES „EICH-HORN"? Vom Eichenbaum stammt der Name nicht ab (Eicheln sind auch nicht ihr Lieblingsfutter), sondern vermutlich vom althochdeutschen Wort „aig". Es bedeutet „flink, schnell" und basiert auf ihrer geschickten Fortbewegung. Statt „Eichhörnchen" wird mancherorts aber auch „Eichkater/-katze", „Eichkatzerl" oder „Oachkatzl" gesagt.

LANGE FINGER und geschickte Pfötchen erinnern an Menschenhände.

FELLIGE TARNUNG: Von unten lässt ihr weißlicher Bauch sie mit dem hellen Himmel verschmelzen, von oben betrachtet tarnt ihr dunkles Fell sie vor Rinde und Waldboden.

Hörnchen & andere Nager

Es gibt verschiedene kletternde Nager bei uns. Ein graues Eichhörnchen ist deswegen aber nicht gleich ein Grauhörnchen.

SIEBENSCHLÄFER gehören zu den Bilchen und sind, wie auch Eichhörnchen, Nagetiere. Sie ernähren sich sehr ähnlich wie sie, sind aber deutlich kleiner und durch ihre großen, schwarzen Knopfaugen und die runden Ohren erkennbar. Da sie nachtaktiv sind und einen Winterschlaf von bis zu 8 Monaten halten, bekommen wir sie seltener zu Gesicht.

GARTENSCHLÄFER gehören ebenfalls zu den Bilchen und kommen nur in Europa vor. Sie sind Allesfresser und futtern, anders als Eichhörnchen, überwiegend tierische Kost. Ihren Winterschlaf halten die kleinen Nager in Baumhöhlen, Felsspalten, Mauern oder Gebäuden. Aber nicht nur deshalb sehen wir sie wenig: Sie werden leider immer seltener.

SIEBENSCHLÄFER: Ihr Winterschlaf dauert oft sogar länger als 7 Monate.

GARTENSCHLÄFER tragen eine auffällige Gesichtsmaske.

GRAUHÖRNCHEN ODER GRAUES EICHHÖRNCHEN? In Deutschlands freier Wildbahn kommen die ursprünglich aus Nordamerika stammenden Grauhörnchen bisher nicht vor. Eichhörnchen allerdings kann man hier in unterschiedlichsten Farbvarianten antreffen – von rötlich über grau bis schwarz. Anders als unsere heimischen Eichhörnchen tragen Grauhörnchen niemals Ohrpinsel, dafür aber weiße Fellspitzen an ihrem Schwanz. Auch sind sie deutlich schwerer und größer (bis 30 cm ohne Schwanz). In Europa kommen Grauhörnchen momentan in Großbritannien, Irland und Norditalien vor, wo sie sich schnell verbreiten und das europäische Eichhörnchen verdrängen. Auch wenn Grauhörnchen Laubwälder und Eichhörnchen eher Nadelwälder bevorzugen, überschneidet sich ihr Lebensraum bis zu 70 %. So müssen sie sich wichtige Futterressourcen teilen, bei deren Suche Grauhörnchen wohl geschickter sind. Eicheln können sie ebenfalls besser nutzen, denn ihr Magen ist unempfindlicher und sie vertragen das enthaltene Tannin besser – ein großer Vorteil überall dort, wo es viele Eicheln zu futtern gibt. Auch das Pockenvirus der Hörnchen macht einen Unterschied: Eichhörnchen können daran schwer erkranken, während Grauhörnchen zwar Überträger sind, aber keine Symptome entwickeln.

EUROPÄISCHE EICHHÖRNCHEN können viele verschiedene Fellfarben haben - grau ist keine Seltenheit.

GRAUHÖRNCHEN kommen in Deutschland bisher nicht vor.

IM EICHHÖRNCHEN – WALD (Fischen, Allgäu) lassen sich Eichhörnchen ganz aus der Nähe bei ihrem emsigen Treiben beobachten.

Eichhörnchen begegnen

Sie leben mitten unter uns – wichtig zu wissen, wie wir uns ihnen gegenüber richtig verhalten.

NICHT AUS DER HAND FÜTTERN
Eichhörnchen sind Wildtiere, die wir möglichst wenig in ihrer natürlichen Lebensweise stören sollten. Gewöhnen wir sie an unsere Hand oder gar das Innere unserer Wohnung, verlieren sie ihre angeborene, schützende Scheu.

BESSER: Eingerichtete Futterstationen im Garten oder auf dem Balkon. Aber bitte nicht übermäßig füttern! Eichhörnchen müssen für ihren flinken Lebensstil wendig und leicht bleiben.

KEINE ANGST VOR TOLLWUT
Krankheitsüberträger sind Eichhörnchen eher nicht – besonders nicht für Tollwut. Sie sind keine Fleischfresser im klassischen Sinne und würden auch den Biss eines größeren, infizierten Tieres gar nicht erst überleben.

„HINTERHERLAUF-HÖRNCHEN“:
Suchen Jungtiere unsere Nähe oder klammern sich an unsere Hosenbeine, ist das keine Tollwut, sondern Neugier oder Verzweiflung. Was zu tun ist, liest du auf Seite 86.

ANHÄNGLICHE JUNGTIERE haben keine Tollwut – sie suchen Hilfe.

RICHTIG FÜTTERN: In sicherer Höhe am Baumstamm.

SO LEBEN EICHHÖRNCHEN

Das Eichhörnchen-Jahr

Beobachten können wir Eichhörnchen das ganze Jahr über – aber was treiben sie zu welcher Zeit des Jahres?

EICHHÖRNCHEN SIND FLEXIBEL: Sie passen sich ihrer Umgebung und den Temperaturen an. Ist ein Winter sehr frostig, verlängern sie die Winterruhe und ist ein Weibchen noch unerfahren, dann bekommt sie nur einmal im Jahr Nachwuchs, dessen Aufzucht nur bis April dauert. Trotzdem lässt sich das Eichhörnchen-Jahr versimpelt darstellen.

JAN **FEB** **MÄR** **APR** **MAI** **JUN**

DIE AUFZUCHT DER JUNGEN beginnt etwa im Februar - nackt, blind und taub kommen die kleinen Eichhörnchen auf die Welt, nach 6 Wochen verlassen sie zum ersten Mal ihren kuscheligen Kobel. Nach etwa 10 Wochen trennen sie sich von ihrer Mutter – sie bekommt hiernach meist noch ein zweites Mal Nachwuchs, sodass die Jungenaufzucht bis in den August dauern kann.

VORBEREITUNGEN FÜR DEN WINTER Ab Spätsommer sammeln Eichhörnchen fleißig Nahrungsvorräte für den Winter, die sie in bis zu 3000 verschiedenen Depots verstecken. Besonders beliebt sind Baumsamen und Nüsse – sie sind lange haltbar und liefern viel Energie in frostigen Zeiten. Im September beginnt nun auch ihr Winterfell zu wachsen und ihre niedlichen Ohrpinsel erscheinen.

JUL | AUG | SEP | OKT | NOV | DEZ

WINTERRUHE IN DEN BÄUMEN Wenn es kalt wird, verbringen Eichhörnchen die meiste Zeit des Tages in ihrem geschützten Winterkobel.

ZUM JAHRESWECHSEL ab Ende Dezember beginnt dann die erste Paarungszeit mit wilden Verfolgungsjagden durch die Baumwipfel.

Durch Sommer und Winter

Sommerkleid und Wintermantel – Eichhörnchen müssen vorsorgen und ihre Lebensweise anpassen.

WÄRME MACHT MUNTER, sodass Eichhörnchen in Frühling und Sommer zu echten Aktivitätswundern werden. Als Frühaufsteher sind sie in den frostfreien Jahreszeiten viele Stunden am Tag aktiv und verlassen schon mit den ersten Sonnenstrahlen am Morgen ihren luftigen Sommerkobel. Da die Paarungszeit nicht selten bis in den August hineinreicht, lassen die Kletterakrobaten sich oft bei wilden Verfolgungsjagden durch die Baumwipfel beobachten. Um sich von ihren geschickten Sprüngen

ZWISCHEN MÄRZ UND JUNI verlieren Eichhörnchen ihren Wintermantel – nun ist Sommer- und Siestazeit.

zu erholen und sich vor der Mittagshitze zu schützen, legen sie in der Mitte des Tages eine kleine Ruhepause (Siesta) ein.

IM HERBST wird emsig gesammelt, denn zu dieser Zeit gibt es reichlich Nahrung zu finden. Um auch noch gut versorgt zu sein, wenn es friert, verwenden Eichhörnchen nun 60–90 % ihrer Zeit darauf, Futter zu suchen, zu verzehren und in einzelnen, kleinen Nahrungsdepots zu verstecken.

MIT EINBRUCH DER KÄLTE wächst nach und nach auch der Wintermantel der Eichhörnchen: Das Fell wird dichter und erscheint meist etwas dunkler und grauer, als im Sommer.

IM WINTER IST RUHE und Eichhörnchen verbringen die meiste Zeit in ihrem Winterkobel. Obwohl sie Einzelgänger sind, kuscheln sie darin manchmal sogar zu Mehreren gleichzeitig, meist wärmen sie sich aber mit ihrem felligen Schwanz. Eichhörnchen halten keinen durchgängigen Winterschlaf, sondern verlassen ihren Kobel immer mal wieder. Um der Kälte und Fressfeinden nicht zu lange ausgesetzt zu sein, sind sie jedoch nur wenige Stunden am Tag aktiv, um ihre Nahrungsdepots aufzusuchen.

DIE OHRPINSEL erscheinen im September und sind Teil des Wintermantels.

Kugelige Nester

Dichte Reisigkugeln im Blätterdach: Beim Bau ihrer Kobel scheuen Eichhörnchen keine Mühen.

2–5 TAGE etwa braucht ein Eichhörnchen, um einen Kobel zu errichten – der kann dann gute 2–3 Jahreszeiten überdauern. Gebaut wird er meist stammnah und mit einem Durchmesser von 25–45 cm.

WICHTIGE STANDORTKRITERIEN sind dabei die Nähe zu weiteren Bäumen als Fluchtwege und gute Nahrungsquellen in der Umgebung.

MEHRERE EIN- UND AUSGÄNGE sorgen dafür, dass jederzeit ein Weg aus dem Nest herausführt. Falls ein Fressfeind vor der „Haustür" auftaucht, kann so schnell die Flucht ergriffen werden. Auch Baumhöhlen

EICHHÖRNCHEN – KOBEL werden meist in Höhen zwischen 5 und 18 Metern errichtet.

BELIEBTES BAUMATERIAL

1. **Äste, Zweige, Rinde:** als stabile Grundlage
2. **Blätter, Flechten, Moos:** zum Abdichten
3. **Gras und Stroh:** zum Verflechten
4. **Vogelfedern, Distelwolle:** zum Auspolstern

MOOS „ERNTEN" für einen weichen Kobel.

und Nistkästen nutzen Eichhörnchen gerne. Ihren Einzug kann man üblicherweise an einem zur Vergrößerung angeknabberten Eingangsbereich erkennen.

DREI ARTEN VON KOBELN lassen sich unterscheiden: Der Winterkobel, der Sommerkobel und einer für die Jungtieraufzucht. Der Winterkobel ist so stabil gebaut, dass sogar schon Temperaturunterschiede von bis zu 30°C zwischen innen und außen gemessen wurden. Eine Extraschicht aus verflochtenem Material macht ihn obendrein fast gänzlich wasserdicht. In besonders frostigen Zeiten kuscheln sich in einem Kobel auch mal bis zu vier Eichhörnchen aneinander. Der Sommerkobel hingegen ist lockerer gebaut, sodass keine Stauhitze entstehen kann. Für die Jungtieraufzucht polstern Eichhörnchen ihr Nest zusätzlich mit weichem Material aus.

EIN REGELMÄSSIGER WECHSEL zwischen mehreren Kobeln ist vor allem sinnvoll, um die Ausbreitung von Parasiten zu verhindern. Aber auch um sicherzustellen, dass sie jederzeit ein bewohnbares Nest haben, bauen Eichhörnchen bis zu 8 verschiedene Kobel.

HÖHENANGST: Junge Eichhörnchen lernen erst mit der Zeit, wie sie sich mühelos in den Ästen bewegen können.

Kinderstube im Baum

Eichhörnchen-Weibchen sind etwa 6 Wochen tragend, bis sie ihre Jungen ab Februar zur Welt bringen.

INTENSIVBETREUUNG Bei ihrer Geburt sind Eichhörnchen-Babys noch nackt, blind und taub – auch von ihren flinken Kletterkünsten ist noch nichts zu sehen. Für etwa 10 Wochen sind sie jetzt auf die Betreuung ihrer Mama angewiesen, die sie liebevoll in ihrem Kobel umsorgt.

NACH ETWA 4 WOCHEN sind die Kleinen vollständig behaart und ihre Augen und Ohren öffnen sich. Schon eine Woche später schauen sie neugierig aus dem Nesteingang heraus.

ERSTE SCHRITTE Nach 6 Wochen ist es soweit: Die Eichhörnchen-Jungen verlassen den sicheren Kobel erst für kurze Momente, sie können jetzt schon 15cm weit hüpfen. Ab der 8. Lebenswoche führt ihre Mama sie durch den Wald und zeigt ihnen, was lecker schmeckt. Schon nach 10 Wochen löst sich die kleine Familie dann auf: Die Jungen sind nun alt genug, um die Welt allein zu entdecken. Viele Eichhörnchen-Weibchen bekommen nun noch ein 2. Mal Nachwuchs.

TRAGETASCHE: Eichhörnchen können gemeinsam mit ihren Jungen in einen sauberen Kobel umziehen.

Immer auf dem Sprung

Besser als Trapezturnen im Zirkus: Auch in großer Höhe springen Eichhörnchen leichtfüßig umher.

IN BAUMWIPFELN sind Eichhörnchen zuhause, sie sind also perfekt an ein Leben zwischen den Ästen angepasst. Durch ihre dünnen, schlanken Knochen und ihren zierlichen, leichten Körperbau können sie auch an den äußeren Zweigen nach Nahrung suchen. Abstürzen tun erwachsene Hörnchen hierbei seltenst. Doch im Fall der Fälle breiten sie all ihre Extremitäten seitlich aus und bremsen die Fallgeschwindigkeit ab. Durch ihr leichtes Gewicht von 200–500 Gramm stürzen sie selten schwer.

GUTES FESTHALTEN gelingt mit langen Fingern und spitzen Krallen, ihre langen Zehen werden deshalb auch „Greifzehen" genannt.

BIS ZU 5 METER weit können Eichhörnchen springen – das ist mehr als das Fünfzehnfache ihrer eigenen Körperlänge!

180-GRAD-DREHUNG der Hinterpfoten: So haften sie am Stamm.

FÜR GUTEN HALT: Die Krallen in die Rinde einhaken.

GROSSE AUGEN, seitlich am Kopf, sorgen für einen guten Rundumblick. Die räumliche Wahrnehmung und damit das Abschätzen von Entfernungen sind extrem wichtig bei weiten Sprüngen auf schmale Äste!

DIE HINTERBEINE der Eichhörnchen haben eine ausgeprägte, starke Muskulatur, während die kürzeren Vorderpfoten als Stoßdämpfer beim Landen dienen. Ihre Sprunggelenke ermöglichen außerdem eine 180-Grad-Drehung der Hinterfüße nach hinten-außen. So können sie auch beim kopfüber Klettern alle vier Hand- und Fußflächen flach auf den Stamm legen.

HÜPFSPUR IM SCHNEE: Eichhörnchen setzen ihre Hinterpfoten vor die Vorderpfoten.

ALS BALANCIERSTANGE ist der Eichhörnchen - Schwanz bestens geeignet. So können die kleinen Kobolde sogar auf den dünnsten Zweigen hocken.

Der Eichhörnchen-Schwanz

Ausgestreckt oder gerollt, zuckend oder schlagend – der fellige Schwanz der Hörnchen ist zu Vielem fähig.

MIT SEINEN 13–22 CM ist der auffällige, buschige Schwanz der Eichhörnchen fast so lang wie ihr gesamter Körper. Klar also, dass er einige wichtige Funktionen erfüllt.

BEI RASANTER FORTBEWEGUNG und akrobatischen Sprüngen in Baumwipfeln dient ihr Schwanz zum Balancieren und als Steuerruder – so optimieren sie ihre Flugeigenschaften. Vergleichbar ist das Phänomen auch mit Lanzen: Eine lange Lanze fliegt besser als eine kurze.

IN FROSTIGEN ZEITEN kuscheln sich Eichhörnchen in ihrem Kobel gerne unter ihren flauschigen Schwanz und nutzen ihn als Wärmedecke. Seine Funktionen als Schattenspender und Fallschirm werden jedoch schon länger bezweifelt.

AUCH IM VERHALTEN spielt ihr Schwanz eine wichtige Rolle. Bei Störungen schlagen sie ihn auf und ab, seitliche Bewegungen bedeuten Unsicherheit. Beim „Imponierlauf" zur Paarungszeit zuckt er hin und her.

BEI UNSICHERHEIT schlägt der Schwanz zu den Seiten.

STEUERRUDER beim Weitsprung: Der flauschige Schwanz.

Gefahren im Freien

Wildlebende Eichhörnchen können 3 Jahre alt werden – dafür müssen sie einigen Bedrohungen trotzen.

DIE GRÖSSTE GEFAHR für Eichhörnchen ist, wenn Baumsamen knapp werden – kein Räuber wird ihnen je so gefährlich wie ihr eigener Hunger. Besonders im Winter und Frühjahr sind sie auf die Samen von Nadelbäumen wie Fichte und Kiefer angewiesen. In Anbetracht des dramatischen Fichtensterbens in Deutschland durch Klimawandel und Borkenkäfer könnten Eichhörnchen in Zukunft also öfter von Hungersnöten bedroht sein.

GEFÜRCHTETE RÄUBER lauern sowohl in Bäumen als auch in der Luft: Tagaktive Greifvögel wie Habichte und Bussarde können die roten Flitzer vor allem im Winter schnell entdecken. Auch vor Eulen, die in der Dämmerung jagen und vor kletternden Baummardern müssen sich Eichhörnchen in Acht nehmen. Besonders gefährdet sind Jungtiere – sie sind leichte Beute und zusätzlich durch Stürme bedroht, die den Kobel zerstören.

BAUMMARDER: „Free - Climber“ und Nesträuber.

HABICHTE sind die gefährlichsten Feinde aus der Luft.

IN SPIRALEN DEN STAMM HOCH: Um Fressfeinde zu verwirren, flitzen Eichhörnchen nicht geradlinig, sondern in kecken Kreisen nach oben.

GESTRANDET AUF WALDINSELN Immer weiter urbanisieren wir Menschen die Natur, wir bewirtschaften riesige Äcker, roden für unseren Holzbedarf ganze Waldstücke und bauen breite Straßen, um jeden Winkel des Landes mit dem Auto zu erreichen. Dabei bleiben für Eichhörnchen oft nur kleine Waldinseln zurück, auf denen sie leben und die sie kaum noch verlassen können.

REGELRECHT GEFANGEN sind die flinken Kletterer dann in den kleinen Waldstücken: Laufen sie über angrenzende freie Flächen, werden sie schnell von Beutegreifern aus der Luft entdeckt.

BRÜCKEN STEHEN LASSEN Damit die kleinen Nager von Waldinsel zu Waldinsel und auch in Siedlungen und Parks gelangen können, sollten neben großen Flächen und Äckern stets Hecken oder Bäume stehen gelassen werden. Eichhörnchen können dann mobiler bleiben und andere Wälder erreichen, um dort nach Futter zu suchen. Auch viele weitere Wildtiere wie Füchse, Käfer und Igel profitieren von solchen „grünen Bändern" in der Landschaft.

WICHTIGER ALS SEINE GRÖSSE ist die Qualität eines Waldes: Damit der Tisch zu allen Jahreszeiten reich gedeckt ist, brauchen Eichhörnchen

„LANDSCHAFTSVERINSELUNG": Äcker, Straßen, Siedlungen und Rodungen zerstückeln den Lebensraum der Eichhörnchen.

LANDFLUCHT: Immer mehr Eichhörnchen siedeln in Städte um.

viele verschiedene Bäume und Sträucher, die zu unterschiedlichen Jahreszeiten Samen und Nüsse ausbilden. Monokulturen für den Holzanbau sind für sie ein echtes Problem: Tragen alle Fichten zur selben Zeit Samen, gibt es danach nichts Essbares mehr zu finden. Ideal sind Mischwälder mit hohem Nadelbaumanteil und vielen alten Bäumen – die tragen die meisten Samen.

IN URBANEN SIEDLUNGEN fehlen Eichhörnchen oft wichtige Nahrungsquellen wie Nadelbäume und alte Nussbäume. Siedeln sie hierher über, sind sie deshalb auf Zufütterung angewiesen.

VERKEHRSREGELN kennen Eichhörnchen keine: Immer wieder werden sie Opfer des zunehmenden Straßenverkehrs. In einigen Städten gibt es daher das tolle Konzept „Eichhörnchenseil" (s. Service): Dicke Taue, von Baum zu Baum über Straßen gespannt, helfen den Kletterern beim Überqueren – so können sie in sicherer Höhe bleiben.

MÜHSAM ERNÄHRT SICH DAS EICHHÖRNCHEN

DIE LEIBSPEISEN der Eichhörnchen variieren nach jahreszeitlichem Angebot.

Natürliche Nahrung

Im Sommer brauchen Eichhörnchen 80 Gramm Futter am Tag, im Winter 35 – wo finden sie ihre Nahrung?

IM FRÜHJAHR ist das Angebot noch knapp, jetzt stehen hauptsächlich Knospen, Zweige und junge Triebe auf dem Speiseplan.

IM SOMMER UND HERBST sind vor allem Samen und Früchte von Laub- und Nadelbäumen beliebt: Bucheckern, Hasel- und Walnüsse, Kastanien, Tannen-, Fichten- und Kiefernzapfen. Auch Pilze, Beeren, Obst, Insekten, Larven und Schnecken werden gerne gefuttert, manchmal auch Eier oder Jungvögel.

IM WINTER leben Eichhörnchen hauptsächlich von Baumsamen, die in Zapfen an den Nadelbäumen hängen. Für besonders schwere Zeiten haben sie sich aber im Herbst allerlei Vorräte versteckt, auf die sie in frostigen Zeiten zurückgreifen können.

ABGETRENNTE FICHTENTRIEBE können auf Eichhörnchen hindeuten: Die kleinen Nager futtern gerne die männlichen Blütenknospen – dafür beißen sie die Zweigspitzen ab.

NÜSSE stehen ganz oben auf dem Speiseplan.

FICHTENZAPFEN werden entschuppt, um an die Samen zu kommen.

FICHTENTRIEBE: 600 Zweige können täglich abgebissen werden.

Eifrig sammeln, emsig horten

Eichhörnchen haben keine Backentaschen, sie müssen daher jedes Nahrungsstückchen einzeln transportieren.

KLEINE VORRATSSAMMLER Um Nahrungsengpässen im kargen Winter vorzubeugen, richten Eichhörnchen in Spätsommer und Herbst lauter kleine „Vorratskammern" ein. In ihrem eigenen Kobel bewahren sie dabei kein Futter auf, stattdessen richten sie Verstecke im Boden, an Wurzeln, in Baumhöhlen und unter Moos oder Rindenstücken ein. Besonders protein-, öl- und fettreiche Nüsse und Samen sind zur kalten

FÜHLEN SICH EICHHÖRNCHEN BEOBACHTET, täuschen sie das Verstecken von Futter oft nur vor – um Konkurrenten zu verwirren.

BIS ZU 10000 NÜSSE UND SAMEN werden für den Winter in Nahrungsdepots versteckt.

Jahreszeit beliebt – sie sammeln so viel, dass sie damit eine magere Zeit von etwa einem Monat überbrücken können.

VIELE KLEINE VERSTECKE minimieren das Risiko, dass alle Vorräte auf einmal von einem Futterkonkurrenten gefunden und geplündert werden. So können immer nur wenige Teile des Wintervorrats auf einmal entdeckt und gestohlen werden.

BAUMSAMEN sind die bevorzugte Nahrung der Eichhörnchen, sodass ihre Population in Jahren vieler Samen auffallend ansteigt – sie finden viel zum Knabbern, können sich dann sehr gut fortpflanzen und viele Junge großziehen.

FAST EXKLUSIVEN ZUGANG zu Zapfen und Nüssen haben Eichhörnchen, wenn diese noch unreif in den Baumkronen hängen. Als akrobatische Kletterer haben sie einen großen Vorsprung vor etwaigen Futterkonkurrenten, die am Boden darauf warten müssen, dass Baumsamen reifen und herunterfallen.

AUCH SCHIRMPILZE sammeln die Hörnchen gerne. Diese transportieren sie bis zu 10 Meter hoch in die Bäume, wo sie sie zum Trocknen in Astgabeln hängen.

DAS EINPRÄGEN IHRER FUTTERVERSTECKE ist essenziell für Eichhörnchen – finden sie diese nicht wieder, fehlt ihnen im Winter Nahrung.

Sortierte Vorratskammern

Bis zu 3000 Verstecke mit Wintervorräten muss ein Eichhörnchen wiederfinden - aber wie?

„CHUNKING“ bedeutet, dass Eichhörnchen ihre Nahrungsdepots für den Winter nach Art des Futters sortieren. Vergleichbar ist das mit dem Verstauen unserer Einkäufe: Haben wir unsere Vorratskammer gut sortiert, wissen wir direkt, wo wir einen Apfel finden. Die kleinen Nager trennen etwa Hasel- und Walnüsse voneinander und merken sich dann anhand von Landmarken, wo was versteckt liegt.

AUCH IHR FEINER GERUCHSSINN HILFT: Eichhörnchen erschnuppern eine Haselnuss bereits aus etwa 30 cm Entfernung, wobei selbst Schneedecken kein Hindernis darstellen.

IM WINTER WIRD UMSORTIERT: Um ihr Gedächtnis aufzufrischen und ihre Nahrung auf Schimmel– oder Insektenbefall zu kontrollieren, graben Eichhörnchen ihr Futter ab und zu aus – und verstecken es neu.

„CHUNKING“ spart Zeit: So sind Eichhörnchen Kälte und Fressfeinden weniger lange ausgesetzt.

Flinke Förster

Tausende Nahrungsdepots im Wald – aber was passiert, wenn Eichhörnchen nicht alle wiederfinden?

DURCH IHRE VORRATSKAMMERN verteilen Eichhörnchen die Samen vieler Laub- und Nadelbäume großflächig im Wald. Starker Bodenfrost oder ihre eigene Vergesslichkeit können sie jedoch daran hindern, all ihr Futter wieder auszubuddeln.

NACHFOLGENDE GENERATIONEN profitieren davon: Keimen die liegengelassenen Baumsamen, wachsen hier neue Bäume heran.

ALS AKTIVE BAUMPFLANZER tragen Eichhörnchen damit zur Verbreitung vieler Pflanzensamen und Pilze bei und sorgen nebenbei noch für eine Verjüngung der Wälder.

ZUR WALDAUSBREITUNG UND AUFFORSTUNG haben die flinken Nager sogar schon nach Waldbränden und der letzten Eiszeit beigetragen. Durch sie können sich viele Pflanzen deutlich großräumiger verbreiten.

VERGESSENE BUCHECKERN fangen mit den steigenden Temperaturen im Frühjahr an zu keimen.

WER SUCHET, DER FINDET – allerdings nicht immer. Aus vergessenen Baumsamen wachsen jedoch zukünftige Nahrungsquellen heran.

Flotte Nussknacker

Kleines Tier, harte Nussschale – wie kommen Eichhörnchen an den weichen Kern?

VIER ZÄHNE ZUM NUSSKNACKEN: Da ihr Unterkiefer in zwei Hälften geteilt ist, können Eichhörnchen ihre kräftigen Nagezähne 2–3 mm quer auseinander bewegen. Sie müssen daher nur ein kleines Loch in die harte Nussschale knabbern, ehe sie die Schale aufsprengen und die Nuss wie mit einer kleinen Pinzette herausholen können.

IHRE HANDÄHNLICHEN VORDERPFOTEN helfen dabei, die Nuss gut festzuhalten und so zu drehen, dass die Spitze, der beste Ort zum Knabbern, nach oben zeigt.

NUSSKNACKER – ZÄHNE: Geübte Eichhörnchen können Nüsse entspannt in unter einer Minute knacken – oft benötigen sie sogar nur wenige Sekunden.

WALNÜSSE lassen sich durch ihre zweigeteilte Schale besonders schnell öffnen. Das Eichhörnchen kann die Hälften durch eine Hebelbewegung flink aufspalten.

DIE NAGEZÄHNE der Eichhörnchen wachsen wöchentlich mehrere Millimeter nach – jährlich also bis zu 10 cm! Durch das Nagen schärfen sie sich selbst und nutzen sich gleichzeitig ab.

ES IST ÜBERLEBENSWICHTIG, dass Nager viel harte Nahrung knabbern. Bei fehlender Abnutzung können ihre Zähne so lang werden, dass sie in den Schädel wachsen und die Nahrungsaufnahme unmöglich wird.

EICHHÖRNCHEN spalten Nüsse in 2 Hälften.

BUCHECKERN: Schnell geknackt von Eichhörnchen-Zähnen.

STARKE NAGEZÄHNE können ganze Schuppen herausreißen.

IASELMÄUSE knabbern ein rundes Loch – wie aufgeraspelt.

WALDMAUS: Unregelmäßiger Lochrand und deutliche Zahnspuren.

SPECHTE UND KLEIBER klemmen die Nuss ein und hacken sie auf.

EICHHÖRNCHEN RICHTIG FÜTTERN

Artgerechtes Futter

Eicheln für Eichhörnchen? Ja, aber andere Snacks sind beliebter – Eicheln enthalten viele Bitterstoffe.

HARTE NUSSSCHALEN sind wichtig für Eichhörnchen, damit sich ihre ständig wachsenden Nagezähne abnutzen. Nüsse daher immer mit Schale anbieten! Einzig für Jungtiere im Frühjahr sind bereits geknackte Wal- und Haselnüsse geeignet.

VOR DEM FÜTTERN gründlich auf Schimmel überprüfen. Auch selbstgesammelte Leckerbissen vorerst gut ausgebreitet trocknen.

NICHT GEEIGNET sind gesalzene, gewürzte oder exotische Nussmischungen und Früchte.

MANDELN SIND GIFTIG für Eichhörnchen, da sie immer einen gewissen Anteil Blausäure enthalten.

ERDNÜSSE WEGLASSEN: Unter ihrer Schale verbirgt sich durch lange Transportwege oft schädlicher Schimmel.

FUTTER DRAUSSEN SAMMELN besser nur in Maßen – damit anderen Wildtieren auch genug bleibt.

WENN URLAUB ANSTEHT keine Sorge: Eichhörnchen gewöhnen sich nicht nur an einen Futterplatz, sondern suchen an vielen Orten.

GESUNDE KNABBEREIEN FÜR EICHHÖRNCHEN

- **WAL- UND HASELNÜSSE** – harte Schalen schärfen die Nagezähne
- **NATURBELASSENE SONNENBLUMENKERNE** – unter der Schale bleiben Nährstoffe lange erhalten
- **BUCHECKERN** – hoher Fettgehalt und viele Mineralstoffe, Zink und Eisen
- **ESSKASTANIEN** – alle anderen Kastanien enthalten zu viele Bitterstoffe
- **ZIRBELNÜSSE, PINIENKERNE** – beliebt aber teuer
- **ZAPFEN VON NADELBÄUMEN** – die Samen knabbern Eichhörnchen selbst heraus
- **HAGEBUTTEN, SCHLEHEN, VOGELBEEREN, HARTRIEGEL** – kleiner bunter Snack für Zwischendurch
- **APFEL UND BIRNE** – in Maßen und nur wenn es nicht friert, sonst gibt es Bauchweh

Füttern übers ganze Jahr?

Beobachten können wir Eichhörnchen zu allen Jahreszeiten – aber wann sollten wir sie füttern?

MISCHWÄLDER werden immer seltener und Monokulturen sind für Eichhörnchen nicht geeignet – so wandern sie zunehmend in städtische Gebiete ein. Leider ist ihre Nahrungsauswahl inmitten gestutzter Hecken, Asphalt und geharkter Vorgärten sehr beschränkt, es fehlen die alten Nuss- und Nadelbäume. Mit Nussstationen können wir die ein wenig ersetzen.

IM HERBST sammeln Eichhörnchen fleißig Nahrungsvorräte für den Winter. War der Sommer aber heiß und trocken, werden weniger Samen und Früchte gebildet. Auch Aufräumarbeiten in Gärten sind ein Problem: Samt Laub werden nicht selten auch die Vorratskammern der kleinen Hörnchen entsorgt. Futterstationen helfen ihnen jetzt, ihre Vorräte aufzubessern.

FUTTERHÄUSCHEN speziell für Eichhörnchen – in sicherer Höhe am Baum.

IN HERBST, WINTER UND FRÜHJAHR gibt es genug Gründe für Extrafutter.

IM WINTER sind Eichhörnchen darauf angewiesen, ihre Futterverstecke wiederzufinden. Starker Bodenfrost und viel Schnee können ihnen dabei einen Strich durch die Rechnung machen und zu Nahrungsengpässen führen.

Besonders wenn keine zapfen- und samentragenden Nadelbäume in der näheren Umgebung wachsen, müssen Eichhörnchen eine nahrhafte Alternative finden.

IM JANUAR beginnt dann für die Weibchen die erste Trächtigkeit – jetzt haben sie einen besonders hohen Energie- und Nahrungsbedarf.

IM FRÜHJAHR machen sich die ersten Eichhörnchen – Jungtiere das erste Mal selbstständig auf Nahrungssuche – bei noch dürftigem Angebot in der Umwelt. Futterstationen erleichtern ihnen den Weg ins eigenständige Leben, jetzt dürfen ausnahmsweise auch mal Nüsse ohne Schale verfüttert werden.

ERST IM SOMMER ist es so weit: Heimische Früchte und Sämereien reifen heran – bis dahin können Eichhörnchen von unserer Fütterung profitieren.

SAUBERES WASSER brauchen Eichhörnchen das ganze Jahr über.

Eichhörnchen und Vögel

Freunde, Feinde, Konkurrenten – Eichhörnchen und Vögel sind direkte Nachbarn.

GEBEN UND NEHMEN Eichhörnchen teilen sich ihren Lebensraum mit einer vielfältigen Vogelwelt – von der sie profitieren, mit der sie aber auch konkurrieren. Besonders Eichel-, Tannen- und Unglückshäher plündern gerne die von Eichhörnchen versteckten Futtervorräte, allerdings räubern auch Eichhörnchen gelegentlich Eier und Jungvögel kleinerer Arten.

BAUMSAMEN sind essentiell für Eichhörnchen, aber auch bei Rabenvögeln, Meisen, Kleibern, Spechten, Hähern und Zeisigen beliebt. Verlieren die Nager beim Knabbern lose Samen, freuen sich kleine Vögel

IM KLASSISCHEN FUTTERHÄUSCHEN lassen sich Vögel und Eichhörnchen nicht getrennt voneinander füttern.

ERDNUSS-SPENDER halten Eichhörnchen fern.

FETTFUTTER – gut gesichert im Drahtgeflecht.

am Waldboden. Eichhörnchen profitieren dafür von deren Wachsamkeit: Weil viele Vögel so schnell auf Gefahren reagieren, gelten sie als „Frühwarnsystem".

AUCH IM GARTEN leben Eichhörnchen und Vögel oft in enger Nachbarschaft. Während sie Wassertränken dabei gut gemeinsam nutzen können, ist das bei einer Futterstelle schwieriger. Bieten wir Nüsse und Samen nur in einem klassischen Futterhaus an, können Eichhörnchen sich den Großteil holen, Vögel dabei verschrecken und womöglich Dinge aufnehmen, die für sie nicht geeignet sind. In solchen Häuschen kommt es außerdem schnell zu Verschmutzungen, weil die Tiere im Futter umherlaufen.

MIT SPEZIALISIERTEN FUTTERPLÄTZEN sorgst du dafür, dass jeder das bekommt, was gut für ihn ist. Für Eichhörnchen sind spezielle Futterkästen am Baumstamm geeignet, die sich nur mit geschickten Pfoten öffnen lassen (Seite 52). Vogelfutter zu sichern ist schwieriger, allerdings sind zum Beispiel Erdnüsse für Vögel wichtig, für Eichhörnchen aber ungeeignet. Damit die geschickten Kletterer nicht drankommen, bietet man solches Futter möglichst freihängend und hinter einem Drahtschutz an.

Das ideale Futterhäuschen

Im Handel werden nicht selten ungeeignete Futterhäuser angeboten. Was ist wirklich wichtig?

GUTE FUTTERBOXEN sind einfach zu reinigen, unbehandelt und leicht zu öffnen. Als Witterungsschutz steht der Klappdeckel etwas über.

MACHE DEN TEST: Kannst du den Deckel mit dem kleinen Finger öffnen, schaffen es auch zierliche Eichhörnchen-Pfoten.

GANZ WICHTIG ist der Spalt zwischen Scheibe und Deckel: Springt ein weiteres Hörnchen aufs Dach, darf kein Kopf eingeklemmt werden.

ALS MATERIAL eignet sich unbehandeltes, witterungsbeständiges Massivholz (z. B. Lärche). Eichhörnchen sind neugierig und knabbern gerne alles an, chemische Imprägnierungen sind also ungeeignet – haltbarer wird Holz aber auch durch Schleifen oder Abflämmen.

LUFTLÖCHER und unversiegelte Ritzen halten Schimmel fern. Eine „Regenleiste“ über den Scharnieren lässt den Deckel außerdem von selbst zufallen, sollten die Eichhörnchen mal vergessen ihn zu schließen.

WICHTIG: Leichtgängiger Deckel und herausnehmbare Scheibe.

SCHLAUE HÖRNCHEN: Sie lernen das Futter-Prinzip schnell.

CHECKLISTE FUTTERHÄUSCHEN

- **AUSREICHEND DACHÜBERSTAND** – damit das Futter trocken bleibt
- **REGENSCHUTZLEISTE DECKT SCHARNIERE AB** – so schließt der Deckel von allein
- **VERLÄNGERTE BODENPLATTE** – als Sitzplatz
- **LEICHT ZU REINIGEN** – mit herausnehmbarer Plexiglasscheibe
- **MASSIVES HOLZ** – gegen Witterungseinflüsse, z. B. Lärche, Douglasie
- **UNBEHANDELTES HOLZ** – um knabbernde Nager nicht zu gefährden
- **LEICHTGÄNGIGER KLAPPDECKEL** – für kleine Hörnchen-Hände
- **SPALT UNTER DEM KLAPPDECKEL** – gegen den Guillotinen-Effekt

DER RICHTIGE PLATZ am Baumstamm: In einer Höhe von 1,50 m sind Eichhörnchen sicher und wir können problemlos Futter nachfüllen.

NUSS-STATION SELBER BAUEN

Es ist nur wenig handwerkliches Geschick von Nöten.

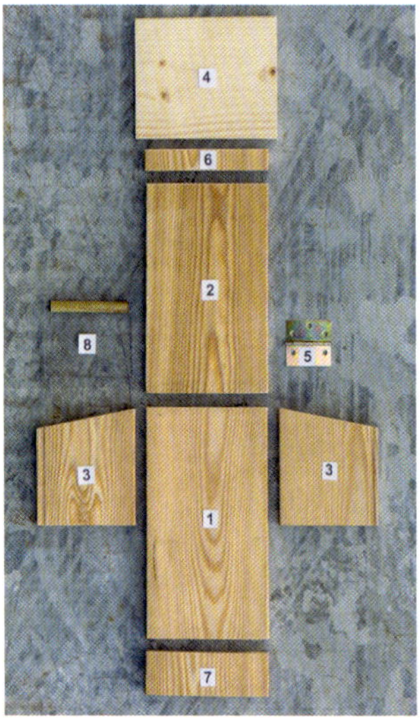

MATERIALÜBERSICHT:

1. Bodenplatte 14 cm × 25 cm
2. Rückwand 14 cm × 23 cm
3. 2 Seitenteile mit Nuten 11 cm × vorne 10,5 cm, hinten 12,5 cm
4. Dünneres Dachbrett 16 cm × 13 cm
5. Leichtgängiges, kleines Scharnier
6. Regenschutzleiste 14 cm × 2,5 cm
7. Vorderleiste 14 cm × 4,5 cm
8. Plexiglasscheibe mit Schnittschutz aus Bambus 8 cm × 9,8 cm

DAS BRAUCHST DU:

- Massivholzbrett, 18–22 cm dick, 14 cm breit, insgesamt ca. 1 m
- Massivholzbrett, möglichst dünn und leicht, 13 cm × 16 cm lang, für den Deckel
- Ein Stück Plexiglasscheibe und einen Bambusstab
- Schrauben: 4 × 50 mm, 3 × 35 mm, 4 × 16 mm, bitte immer mit einem 3 mm Holzbohrer vorbohren, damit das Holz nicht splittert!
- 1 kleines Scharnier, möglichst Edelstahl (rostet nicht)
- Stichsäge/Kreissäge zum Zusägen der Bretter
- Oberfräse für die Nuten in den Seitenteilen
- Eisen-Handsäge zum Schneiden des Plexiglases
- Akkuschrauber, Holzbohrer 3 mm
- Schleifgerät oder Feile

TIPPS:

- Hast du keine Oberfräse, kannst du die Plexiglasscheibe auch in 2 kleinen Leisten-Stücken laufen lassen.
- Damit die obere Kante des Plexiglases nicht so scharf ist, kannst du ein Stück Bambusstab aufschneiden und darauf festdrücken.

1. DIE RÜCKWAND ❶ auf die Bodenplatte ❷ setzen und mit 50 mm Schrauben fixieren. Vorbohren nicht vergessen.

2. DIE SEITENTEILE ❸ auf der Bodenplatte ❷ befestigen. Dabei mit der höheren Seite an die Rückwand ❶, die Nuten nach innen.

3. DAS DACHBRETT ❹ an der hinteren Kante so anschleifen, dass sie parallel zur Rückwand steht – so lässt sich der Deckel besser klappen.

4. DAS DACH ❹ auf das Häuschen legen und das Scharnier ❺ mittig an der Dachplatte und der Rückwand festschrauben (4 × 16 mm-Schrauben).

5. DIE REGENSCHUTZLEISTE 6 direkt oberhalb des Scharniers anbringen (3 × 35 mm – Schrauben). Du kannst sie dafür mit einer Schraubzwinge fixieren.

6. MIT DEM 3 MM – BOHRER mehrere kleine Löcher in den Boden des Futterkastens bohren, um Schimmel vorzubeugen.

7. DIE VORDERLEISTE 7 vorne an die Bodenplatte schrauben (4 × 50 mm – Schrauben).

8. ALLE AUSSENSEITEN des Kastens abflämmen oder mit ungiftiger Lasur behandeln, damit er witterungsbeständiger wird.

9. DIE PLEXIGLASSCHEIBE 8 in die Nuten der Seitenteile 3 einsetzen. Alternativ: 2 kleine Leisten, zwischen denen die Scheibe gehalten wird.

10. ANBRINGEN AM BAUM: Oberhalb der Regenschutzleiste ist genug Platz, um Schrauben oder Alunägel zu platzieren.

MIT FUTTER BEFÜLLEN: Welches Futter du am besten verwendest steht auf Seite 48. Den Kasten regelmäßig auf Schimmel überprüfen!

Wasser rund ums Jahr

Heiße Sommertage machen Eichhörnchen durstig – aber auch wenn es friert, wird Wasser knapp.

IN DER NATUR finden Eichhörnchen genug Feuchtigkeit in frischer Nahrung, Pfützen, Gewässern oder in Form von Baumsäften. Unsere urbane Umgebung aber macht es ihnen schwerer: Sterile Gärten und Betonflächen bieten wenig Möglichkeiten zum Trinken und unsere Nussmischungen machen durstig.

IM SOMMER genügt eine flache Schale an der richtigen Stelle im Garten. Wichtig: Täglich reinigen und einen Ausstieg für Insekten hineinlegen!

FROSTFREIE TRÄNKEN im Winter verhindern, dass Eichhörnchen salzhaltiges Schmelzwasser vom Straßenrand aufnehmen. Eine große Dauerbrennkerze kostet um 1 Euro und sorgt etwa 5 Tage lang für frostfreies Wasser. Der Stein lässt auch Vögel sicher landen.

DER IDEALE PLATZ einer Tränke befindet sich am Fuß eines Baumes und hat eine Rundumsicht von 3 m, damit Räuber sich nicht unbemerkt anschleichen können.

SOMMERS WIE WINTERS ist Wasser überlebenswichtig.

AUCH VÖGEL wie die Blaumeise freuen sich über Trinkschalen.

FROSTFREIE TRÄNKE

Das geht auch mit zwei linken Händen: Der Bau einer frostfreien Tränke ist sehr einfach.

DAS BRAUCHST DU:

- Blumentopf mit breiterem Rand zum Sitzen – Ø oben ca. 30 cm
- Topfuntersetzer – Ø ca. 20 cm
- Kuchen-Abkühlgitter – Ø ca. 30 cm
- Dauerbrennkerze (Grabkerze) – Größe „L“, 14 cm Höhe, gibt's in jeder Drogerie
- Pfanne/Edelstahl-Schale und Stein
- Kanne Wasser und Feuerzeug

1. BLUMENTOPF AUFSTELLEN Topf auf möglichst ebenem Untergrund platzieren. Untersetzer verkehrt herum hineinlegen, damit die Kerze etwas höher steht.

2. KERZE EINSETZEN Die Dauerbrennkerze in den Blumentopf stellen, sie sollte bis ca. 2 cm unterhalb des Blumentopf-Randes reichen. Gitter auf den Blumentopf legen.

3. TRÄNKE AUFSETZEN Schale auf dem Gitter platzieren, Stein in die Schale legen, mit Wasser befüllen. Der Stein dient als sicherer Vogel-Landeplatz.

4. Steht der Blumentopf zu wackelig, kannst du ihn einige Zentimeter in den Boden eingraben und bei Frost dann nur noch die Kerze anzünden. Damit Eichhörnchen schnell fliehen können, sollte die Tränke nahe einem Baum oder auf einem kleinen Tisch neben dem Stamm stehen.

DER EICHHÖRNCHEN-GARTEN

Beste Bäume & Sträucher

Nachhaltig und langfristig helfen: Den eigenen Garten als Eichhörnchen-Oase bepflanzen.

LEBENSRAUM BAUM Nur in alten Gehölzen, die Nüsse und Samen tragen, finden Eichhörnchen ausreichend Futter und Schutz. Unsere Landschaft bietet hiervon immer weniger, sodass gut bepflanzte Gärten, Hinterhöfe und Schulgärten wirklich helfen.

IDEAL ist eine Bepflanzung aus verschiedenen Bäumen und Sträuchern, die zu unterschiedlichen Zeiten im Jahr Nahrung bieten.

BAUM IST NICHT GLEICH BAUM: Werden Bäume und Büsche zu oft zurück- und in Form geschnitten, kommen sie dadurch nicht mehr zur Blüte. Folglich können sie dann auch keine Früchte mehr ausbilden und sind als Nahrungsquelle für Eichhörnchen und Vögel leider nicht nutzbar. Ausladende Äste sind aber durchaus auch für Sprünge von Baum zu Baum und für den Kobel-Bau wichtig. Es gilt also: Einfach mal stehenlassen.

UNREIFE HASELNÜSSE sind besonders beliebt.

OBST als leckere Abwechslung.

SAMEN AUS ZAPFEN sind wichtig.

HASEL UND BAUMHASEL: Guter Sichtschutz nd leckere Knabbereien.

WALNUSS – braucht Platz, aber spendet auch Schatten.

FICHTE KIEFER UND TANNE: immergrün mit samenhaltigen Zapfen.

BUCHEN sind wegen ihrer energiereichen 3ucheckern sehr beliebt.

SCHLEHEN bilden dichte Hecken und tragen ab September Früchte.

WEISSDORN blüht erst wunderschön und bildet dann kleine, rote Beeren.

VOGELBEERE – schmackhaft für Vögel und Eichhörnchen.

HARTRIEGEL wächst dicht und unterstützt auch Wildbienen.

APFELBÄUME blühen schön und helfen Insekten, Vögeln und Nagern.

Das Gold am Boden

Viel zu schade zum Wegwerfen: Falllaub schützt die Wurzeln unserer Gartenpflanzen und hilft Wildtieren.

HELFEN DURCH UNTERLASSEN Ab Spätsommer legen Eichhörnchen fleißig Nahrungsdepots für den Winter an: Sie verbuddeln Nüsse und Samen im Boden und verstecken sie unter Laub, Rinde oder Moos. Unterstützen können wir sie, indem wir uneinsichtige Stellen unter Büschen, Hecken und Bäumen nicht aufräumen. Einerseits finden sie so gute Versteckmöglichkeiten, andererseits werden ihre bereits angelegten Vorräte geschützt.

WOHIN MIT DEM LAUB? Loses Blattwerk hält den Boden warm und länger eisfrei: Das perfekte Versteck für die Nussvorräte von Eichhörnchen. Tatsächlich ist Laub an den richtigen Stellen gut für den Garten, zum Beispiel in dicken Schichten unter Büschen, Hecken, Bäumen oder auch in Beeten. Sammle es am besten im Frühherbst an geeigneten Stellen und lasse es dann unberührt. Tipp: Bedeckst du das Laub mit Reisig, fliegt es nicht im Garten umher.

KLEINLEBEWESEN im Laub – reich gedeckter Tisch auch für Vögel.

AUCH IGEL freuen sich über isolierendes Laubwerk im Garten.

UNTER HECKEN UND BÜSCHEN stört Falllaub im Garten nicht und Eichhörnchen verstecken hier gerne ihre Wintervorräte.

Die ideale Nisthilfe

Wo alte Bäume und Nistmaterial fehlen, können wir Eichhörnchen mit selbstgebauten Kobeln helfen.

EIN NEST, VIELE FUNKTIONEN Ob als Rückzugsort vor Feinden, als Kuschelhöhle im eisigen Winter oder für die Aufzucht ihrer Jungtiere: Ein stabiler, wetterfester und geschützter Kobel ist für alle Eichhörnchen lebensnotwendig. Moos, Flechten und Gras dienen dabei zum Auspolstern und Abdichten, wobei sie immer mehrere Ausgänge als Fluchtwege freiknabbern.

TAGELANGE ARBEIT müssen Eichhörnchen in den Bau eines einzelnen Kobels investieren – und brauchen dabei sogar bis zu 8 verschiedene! Um Zeit und Ressourcen zu sparen, beziehen sie daher auch gerne verlassene Nester oder Baumhöhlen. Wo keine alten Bäume stehen, finden sie aber selten gute Nistplätze und wir können ihnen hier unter die Arme greifen.

SICHERER KOBEL aus Massivholz mit mehreren Ein- und Ausgängen und klappbarem Flachdach.

NATÜRLICHE KOBEL hoch oben im Astgewirr: Eine Astgabel erleichtert den Jungen das Klettern.

FLUCHTAUSGANG NACH UNTEN
Damit die Jungen nicht herauspurzeln, baut die Mama einen „Stopfen".

CHECKLISTE EICHHÖRNCHENHAUS

- **3 EIN- UND AUSGÄNGE** – als Fluchtwege, 7 cm Durchmesser
- **UNBEHANDELTES MASSIVHOLZ** – um knabbernde Nager nicht zu gefährden
- **ISOLIERUNG** – Brettstärke 18–22 mm
- **HALTBAR MACHEN OHNE GIFT** – umweltfreundliche Lasuren auf Wasserbasis verwenden oder das Holz „abflämmen"
- **BODENFLÄCHE** – mindestens 26 cm × 26 cm
- **TERRASSENVORSPRUNG** – damit kleine Hörnchen nicht in die Tiefe stürzen
- **HÖHE** – mindestens 30 cm
- **SCHRÄGES, ÜBERSTEHENDES FLACHDACH** – Regenschutz und Sitzmöglichkeit
- **LEICHT ZU REINIGEN** – Klappbarer Deckel, um Parasiten zu bekämpfen
- **LUFTLÖCHER** – gegen Kondenswasser
- **SCHRAUBEN STATT NÄGEL** – für besseren Halt

HOLZ-KOBEL SELBER BAUEN

Am besten mit Lärchen - oder Douglasienholz: Es ist sehr witterungsbeständig und du musst es nicht extra behandeln.

DAS BRAUCHST DU:

- (Lärchen-/ Douglasien-) Bretter, 20–22 mm dick, 14 cm breit, insgesamt ca. 5 m
- 1 Leiste, ca. 2,5 cm dick, ca. 90 cm lang
- Schrauben: 4 × 50 mm, 3 × 35 mm, 4 × 16 mm, bitte immer mit einem 3 mm Holzbohrer vorbohren, damit das Holz nicht splittert!
- 2 Edelstahl-Scharniere
- 1 Haken
- Stichsäge/Kreissäge zum Zusägen der Bretter
- Eventuell Schraubzwingen
- Akkuschrauber, Holzbohrer 3 mm und Lochbohrer 7 cm

MATERIALÜBERSICHT:

1. 2 Bodenbretter 14 cm × 40 cm
2. 2 Rückwand-Bretter 14 cm × 33 cm
3. 4 Seitenbretter mit Schräge nach vorne: Hinten so hoch wie die Rückwand (33 cm), vorne so hoch wie die Front (30 cm)
4. 2 Frontbretter 14 cm × 30 cm
5. 4 Fixierungsleisten 2,5 cm × 22 cm
6. 3 Dachbretter 14 cm × 37 cm
7. 2 Scharniere
8. 1 Haken
9. 1 Aufhängeleiste (Stück des 14 cm - Bretts) 6 cm × 50 cm

1. MIT DEM LOCHBOHRER (oder Stichsäge) ein 7 cm – Loch in den hinteren Teil eines der Bodenbretter ❶ bohren. Es soll später stammnah sitzen.

2. DIE RÜCKWAND-BRETTER ❷ vorerst einzeln an jeweils einem der Bodenbretter ❶ festschrauben.

3. IN EIN SEITENBRETT ❸ ein 7 cm – Loch bohren (gegenüber dem Bodenloch), dann die längeren Seiten mit der Rückwand ❷ und dem Boden ❶ verschrauben.

4. DIE KÜRZEREN SEITENBRETTER ❸ davor auf die Bodenbretter ❶ schrauben. Es gibt nun 2 Teile mit Boden + Rückwand + 2 Seiten, diese werden später verbunden.

5. IN EIN FRONTBRETT 4 ein 7 cm – Loch bohren, dann die beiden Frontbretter 4 auf das jeweilige Bodenbrett 1 und vor das jeweilige Seitenteil 3 schrauben.

6. DIE FIXIERUNGSLEISTEN 5 vorbohren und so im Kasten anbringen, dass sie die Seiten- 3 , die Front- 4 und die Bodenbretter 1 zusammenhalten.

7. DIE 3 DACHBRETTER 6 überlappend zusammenschrauben. Sie sollten am Rand ausreichend überstehen: als Regenschutz und für die Scharniere.

8. DIE SCHARNIERE 7 an einer Seitenwand des Kastens befestigen (16 mm Schrauben). Das Dach daran festschrauben.

9. DEN HAKEN 8 gegenüber den Scharnieren zwischen Deckel und Seitenwand befestigen, denn das Dach soll sich nicht von alleine öffnen.

10. DIE AUFHÄNGELEISTE 9 so an der Kastenrückwand 2 anbringen, dass sie die Bretter zusammenhält und oben und unten zur Anbringung am Baum übersteht.

DER FERTIGE HOLZKOBEL: Du kannst ihn nun noch von außen abflämmen oder ihn mit einer ungiftigen Lasur auf Wasserbasis behandeln. Vorsicht: Eichhörnchen sind Nager und nehmen Gifte daher schnell auf.

Natur-Nest nachbauen

Bestens getarnt: Kobel aus Naturmaterialien ahmen die natürliche Bauweise der Eichhörnchen nach.

ALS SCHUTZ vor Wettereinflüssen und Fressfeinden bewohnen Eichhörnchen dicht und stabil gebaute Nester aus Zweigen, Reisig, Blättern, Moos und Rindenstückchen. Jedes ihrer Nester hat stets mehrere Ein- und Ausgänge, damit jederzeit ein Fluchtweg frei ist. Ein Weiden-Kobel aus gebogenen Ästen bildet diese Bauweise nach – dafür brauchst du nicht viel.

WEGGEGANGEN, PLATZ VERGANGEN: Um Zeit und Arbeit zu sparen, besiedeln Eichhörnchen gerne verlassene Elster-Nester, denn die schlauen Vögel bauen ebenso einen Schutz aus Zweigen über ihr Nest. Auch die fertigen Kobel anderer Eichhörnchen werden gerne weiter genutzt. Mit einem kuschligen Äste-Nest können wir ihnen also eine richtige Freude machen!

FERTIG ZUM EINZUG: Äste und Astgabeln um den Kobel herum dienen als Tarnung und Kletterhilfe.

KOBEL FLECHTEN

Dein Äste-Kobel muss nicht perfekt werden! Die Eichhörnchen werden ihn sich später sowieso noch zurechtbasteln.

DAS BRAUCHST DU:

- Gartenschere, Küchenschere
- ungiftige Natur-/Gartenschnur
- 7 biegsame Äste (z. B. Weide) à 1,50 m
- mehrere dünne, biegsame Äste
- größere Rindenstücke
- trockenes Heu/Stroh, Moos, Reisig
- stabilen Draht, ca. 1 m

1. GRUNDGERÜST Aus den langen Ästen 7 Ringe (Ø 40 cm) biegen und mit Schnur fixieren. Die Ringe so ineinanderschieben und verschnüren, dass eine stabile Kugel entsteht.

2. AUFHÄNGUNG & DACH Am oberen Kreuzungspunkt der Äste eine Schlaufe aus stabilem Draht befestigen. Als Regenschutz Rindenstücke im Dachbereich einflechten.

3. ABDICHTUNG Quer in die Ast-Kugel kürzere, verdichtende Äste einweben. Ritzen mit Stroh/Heu, Moos und Reisig stopfen. 2–3 Ein- und Ausgänge (Ø 10 cm) freilassen.

Bringe deinen Natur-Kobel möglichst hoch in einem Baum an. Dabei ist es wichtig, dass er stammnah hängt und von vielen Ästen umgeben ist. Über Nistmaterial freuen sie sich auch (Seite 76).

HOCH OBEN haben Fressfeinde es schwerer – eine Anbringung mit Alunägeln hält gut und schont den Baum.

Wohin mit der Nisthilfe?

Schwierig für Nesträuber und ideal für flinke, leichte Eichhörnchen: Hoch oben in den Baumwipfeln.

SICHERE KINDERSTUBE Mindestens 5 m hoch im Baum sollte ein Kobel angebracht werden, um Eichhörnchen vor kletternden Mardern und Katzen zu schützen. Ein zu glatter Baumstamm oder Hauswände sind aber nicht geeignet, da Jungtiere noch nicht gut klettern können.

EINE ASTGABEL oder kleinere Äste unterhalb des Häuschens bieten einen sicheren Ein- und Ausgang für unerfahrene Junghörnchen.

DER IDEALE ZEITPUNKT zum Anbringen eines Kobels ist im Dezember, denn im Januar beginnt die erste Paarungszeit des Jahres. Auch später ist ein neuer Kobel aber noch sinnvoll: Viele Eichhörnchen bekommen zweimal im Jahr Nachwuchs und nutzen gerne mehrere Kobel gleichzeitig.

VORSICHT VOR ÜBERHITZUNG Ein Kobel sollte nicht von der Mittagssonne beschienen werden.

SICHER UND GETARNT: Äste unter dem Kobel sind Kletterhilfen für junge Hörnchen.

JE HÖHER, DESTO SICHERER – plumpe Fressfeinde bevorzugen Äste in Bodennähe.

SPÄTESTENS AB FEBRUAR: Wenn die Jungen auf die Welt kommen, brauchen Eichhörnchen geeignetes Polstermaterial.

Nistmaterial anbieten

Zum Auspolstern ihrer Höhle brauchen Eichhörnchen vielfältiges Material.

IDEALES NISTMATERIAL ist naturbelassen, zieht keine gefährlichen Fäden oder Schlingen und saugt sich nicht mit Wasser voll. Gut geeignet sind zum Beispiel Moos, trockenes Gras, Heu, Stroh, Hanffasern, Schafwolle oder Sisal. Holzwolle ebenfalls, allerdings nur unbehandelte aus dem Tierbedarf. Biete das Nistmaterial unbedingt trocken an - unter einem Dachüberstand oder in einem gut belüfteten Nistmaterial-Spender mit Dach.

POLSTER-DIEBE Geeignetes Nistmaterial ist in aufgeräumten Gärten oft nur noch schwer zu finden – so stehlen Eichhörnchen nicht selten Polster oder Stoffe von unseren Terrassen. Als Alternative können wir ihnen

DEN NISTMATERIAL-SPENDER selber bauen aus einem Blumentopf, stabilem Draht, Zange und Polstermaterial.

MIT NISTMATERIAL BEFÜLLEN Hänge den Nistmaterial-Spender möglichst nah am Stamm auf, damit Eichhörnchen ihn gut erreichen können. Zum Schluss stopfst du trockenes Heu, Wolle und Moos hinein.

aus Baumwoll-Stoffresten 20 cm große Quadrate zurechtschneiden und für ihre Kobel anbieten.

UNBEDINGT DARAUF ACHTEN, dass alle Materialien ungiftig sind und kleine Krallen nicht darin hängenbleiben können.

GUT VORBEREITET Sammle Moos und feine Gräser und lege sie zum Trocknen aus. Ausgekämmte Unterwolle von Hunden schenken dir Tierbesitzer sicher gern, bitte achte aber darauf, dass der Hund vorher nicht mit einem sogenannten „Spot-on“ gegen Ektoparasiten behandelt wurde. Schafwolle geben Schäfer immer gern ab oder du besorgst dir Heu oder Holzwolle aus dem Tierbedarf.

Unser Blumentopf hat einen Durchmesser von 15 cm, das Bodenloch hat einen Durchmesser von 2,5 cm. Bitte achte darauf, dass auch wirklich 8 Stücke von deinem Draht durch das Bodenloch von deinem Blumentopf passen. Unser verwendeter Draht ist 1,9 mm stark – ist er dir zu steif zum Biegen mit der Hand? Dann verwende hierfür eine Flachzange.

Zu Beginn schneidest du 4 Stücke Draht auf eine Länge von 90 cm, das funktioniert gut mit einer Kneifzange.

NISTMATERIAL-SPENDER BAUEN

Mit einfachen Mitteln Großes bewirken.

LEGE EINEN STERN aus den 4 Drähten. Biege dann jedes Ende einmal auf die gegenüberliegende Seite, so dass zum Schluss alle Drähte fest in der Mitte miteinander verschlungen sind.

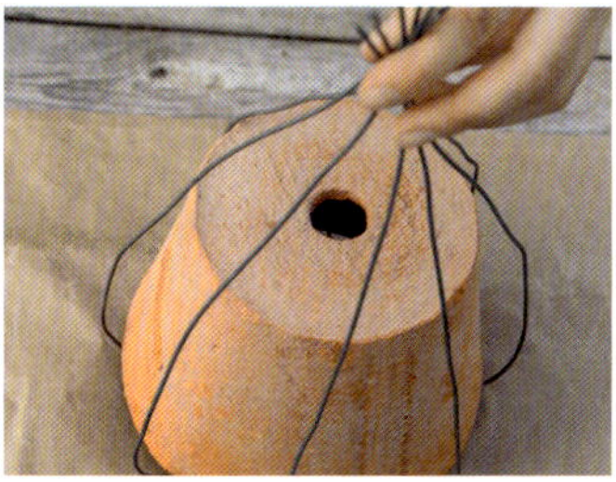

STÜLPE DEN BLUMENTOPF kopfüber auf den Stern und biege alle 8 Drahtenden um den Topf herum – so bekommt dein Drahtgestell die passende Form. Den Topf nimmst du wieder heraus.

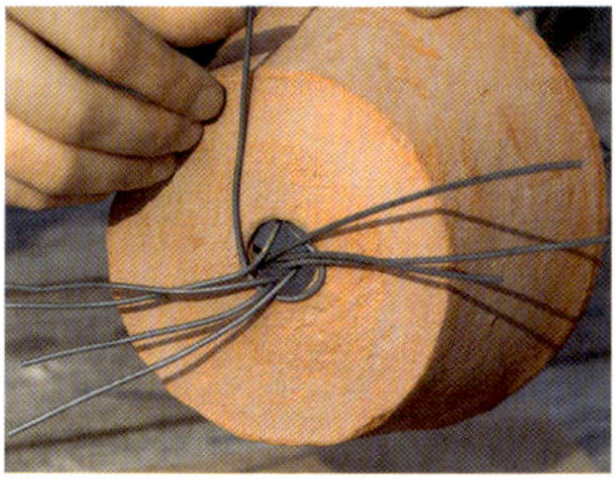

DIE DRAHT-ENDEN von innen durch das Bodenloch des Topfes stecken, so dass ca. 15 cm außen stehen bleiben. Drücke die Drähte im Inneren des Topfes möglichst eng an die Wände.

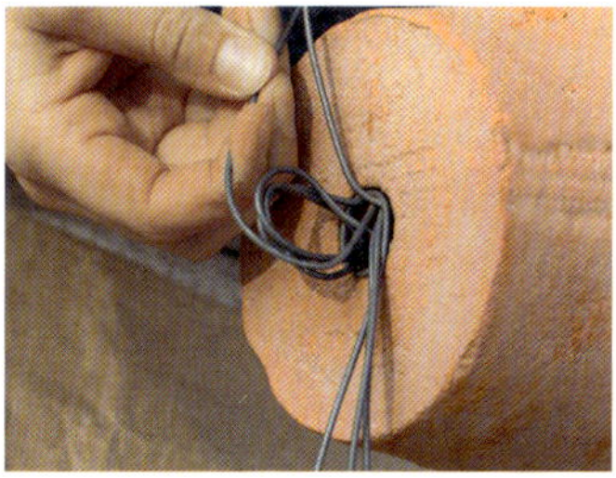

DEN HENKEL FORMEN Aus den übrigen Drähten formst du einen Henkel, steckst die Enden in den Topf und biegst sie innen noch einmal um.

EICHHÖRNCHEN SIND NEUGIERIG – das sollte ihnen nicht zum Verhängnis werden.

Gefahren im Garten

Sicheres Refugium? Auch vor unserer Haustür sind Eichhörnchen Gefahren ausgesetzt.

ERTRINKEN ist eine häufige Todesursache für Eichhörnchen in unseren Gärten. Besonders bei Wärme und fehlenden Alternativen versuchen sie aus Schwimmbecken oder Regentonnen zu trinken. Obwohl sie gute Schwimmer und kleine Akrobaten sind, kommen auch sie an den glatten Wänden nicht mehr heraus.

REGENTONNEN UND PLANSCHBECKEN daher immer abdecken oder eine flache Ausstiegshilfe in Form eines Bretts mit Quersprossen oder einem dicken Ast bereitstellen!

ABSTURZGEFAHR bei offenen Kellerschächten – nicht nur für Eichhörnchen! Sie sollten daher mit Gittern oder Platten abgedeckt und regelmäßig kontrolliert werden.

UNSERE HAUSTIERE heißen die kleinen Nager oft nicht so willkommen wie wir: Leben Hunde oder Katzen in deinem Garten oder auf dem

ABGEDECKTE REGENTONNEN schützen Tiere vor dem Ertrinken.

GARTENTEICHE sollten flache Ufer oder Ausstiegshilfen haben.

GEFÄHRLICHE FALLEN: In Fraßschutznetzen verheddern sich nicht nur Eichhörnchen.

Balkon, sollten geeignete Fluchtwege für Eichhörnchen vorhanden sein. Futter- und Wasserstellen bitte auch nur in der Nähe eines größeren Baumes errichten. Safety first!

FRASSSCHUTZNETZE an Obstbäumen: Springen Eichhörnchen von Ast zu Ast, verwickeln sie sich nicht selten in dem fast unsichtbaren, kaum zerreißbaren Gewirr feinster Nylonfäden. Teilweise können sie sich selbst freibeißen, allerdings gelangen sie mit ihren Zähnen nicht an ihren Hals – dort kann eine lebensbedrohliche Würgeschlinge zurückbleiben.

AUCH VÖGEL verenden immer wieder in den Baumnetzen – kann man nicht auf sie verzichten, sollte man die Netze daher mehrmals am Tag kontrollieren.

VERHEDDERN können sich Eichhörnchen, Igel und Co nicht nur in Baumnetzen, sondern auch in anderem Müll. Plastikartiges Material kann besonders gefährlich werden!

MEISENKNÖDEL in Plastiknetzen knabbern die neugierigen Nager im Nu ab und nehmen sie im Ganzen mit. Die Netze bleiben danach in der Landschaft liegen und gefährden andere Wildtiere und Eichhörnchen. Die Knödel lose zu kaufen und in nachhaltigen, wiederverwendbaren „Knödelhaltern“ anzubieten ist sicherer und schont die Umwelt.

GEFÄHRLICHE GIFTE UND DÜNGER

- **SCHADET ES EINEM, SCHADET ES VIELEN** Gifte, die zur Schädlingsbekämpfung eingesetzt werden, töten nicht nur Schädlinge.
- **RATTENGIFT UND MÄUSEKORN** locken neugierige Nager in einen qualvollen Tod.
- **SCHNECKENKORN** ködert mit feinem Obstgeschmack und vergiftet kleine Säuger.
- **INSEKTIZIDE** werden samt Blattknospen abgeknabbert oder gelangen über die Atemwege in den Körper.
- **HERBIZIDE** verätzen die Schleimhäute kleiner Nagetiere.
- **BLAUKORN - DÜNGER** vermengt sich mit Regenwasser und bildet ätzende Pfützen.

BAUMFÄLLUNGEN gefährden das Leben junger Eichhörnchen: Sie können samt Kobel viele Meter in die Tiefe stürzen. Zwar ist es prinzipiell in Deutschland verboten, vom 1. März bis zum 30. September Bäume zu fällen, allerdings bekommen Eichhörnchen–Mamas ihren ersten Nachwuchs oft schon im Februar.

AUF NUMMER SICHER GEHEN Entweder den Baum vor der Fällung gut absuchen oder im besten Fall bis zum Spätherbst warten.

AUCH IN BALKONKÄSTEN verstecken Eichhörnchen ihre Jungen. Sieh' vor dem Frühjahrsputz also unbedingt vorsichtig nach, ob sich dort ein Nest verbirgt!

HOCH IM BAUM haben Eichhörnchen - Babys keine Chance gegen Rodungen.

EICHHÖRNCHEN
GEFUNDEN -
WAS NUN?

SOS für Eichhörnchen

Du hast ein Eichhörnchen gefunden, das nicht flink umherflitzt? So erkennst du, ob es Hilfe braucht.

EICHHÖRNCHEN SIND FLUCHTTIERE Kannst du es trotzdem ohne Mühe hochnehmen, ist meist Hilfe nötig. Jungtiere laufen uns manchmal sogar hinterher oder klammern sich an Hosenbeinen fest – das ist kein Zeichen von Tollwut, sondern reine Neugier oder ein Hilferuf!

KEINE SORGE: Die Mutter nimmt ihr Junges auch dann wieder an, wenn du es bereits angefasst hast. Beobachte daher genau, ob weitere Eichhörnchen in der Nähe sind.

UNTERKÜHLTE JUNGTIERE können sich noch nicht selbst aufwärmen und werden von ihrer Mama in diesem Zustand nicht mehr zurückgenommen. Verhält sich das Kleine apathisch oder fühlt es sich kalt an, braucht es dich.

AUCH BEI VERLETZUNGEN sollten wir helfen. Hebst du ein erwachsenes Eichhörnchen hoch, trage aber lieber Handschuhe oder wickle es in ein Handtuch, damit es dich in seiner Angst nicht beißt.

AUSSERHALB DES KOBELS ist es gefährlich für kleine Eichhörnchen.

AUCH AM NÄCHSTEN TAG holt die Mutter ihr Junges oft wieder zurück.

EICHHÖRNCHEN-BABY GEFUNDEN? Fühle zunächst, ob es unterkühlt oder verletzt ist und suche die Umgebung nach Geschwistern und der Mama ab.

Die richtige Hilfe

Eichhörnchen sind sensibel – falsche Rettungen können schnell lebensbedrohlich werden!

HOL DIR HILFE Es gibt viele Organisationen, die darauf spezialisiert sind, Eichhörnchen-Notsituationen zu erkennen und entsprechend zu helfen. Sowohl am Telefon können sie dich unterstützen als auch pflegebedürftige Hörnchen fachkundig aufpäppeln und später wieder auswildern. Melde dich dort so früh wie möglich, um folgenschwere Fehler zu vermeiden.

GUTE ADRESSEN sind zum Beispiel der Eichhörnchen Notruf e.V. (0700 200 200 12), der Eichhörnchen Schutz e.V. (+49 176 55376864) oder andere Beratungsstellen in deiner Nähe oder im Internet.

ANFASSEN KEIN PROBLEM: Junge Eichhörnchen werden auch danach noch von ihrer Mama zurückgenommen.

5-SCHRITTE-NOTFALLPLAN - UM RICHTIG ZU HELFEN

UMGEBUNG BEOBACHTEN

- Sind die Eichhörnchen-Mutter oder weitere Geschwister in der Nähe? Sieh' auch in den nächsten 2–3 Tagen noch mal nach.
- Schütze das Eichhörnchen vor Katzen, Hunden und Greif- oder Rabenvögeln.

EICHHÖRNCHEN UNTERSUCHEN

- Bei Verletzungen, Apathie, Unterkühlung, eintretender Dunkelheit oder starkem Parasitenbefall solltest du das Eichhörnchen mitnehmen.

WÄRMEN

- Über 2 Stunden langsam auf Körpertemperatur aufwärmen.
- Geeignet sind Wärmflaschen, Körnerkissen oder Heizkissen auf Stufe 1 und ein Handtuch als Nest.
- Das Hörnchen muss sich jederzeit von der Wärmequelle entfernen können.

REHYDRIEREN

- Nur, wenn nach 5 Stunden noch keine fachkundige Stelle erreichbar ist.
- **NIEMALS** Milch füttern! Sie schwächt das Hörnchen und kann zum Tod führen.
- Stattdessen: 200 ml abgekochtes Wasser/Fencheltee + 2 TL (Trauben-) Zucker + 1 kleine Prise Salz.
- Abgekühlt tropfenweise mit Pipette alle 3 Stunden maximal 2 ml geben.
- Verschlucken kann zu einer Lungenentzündung führen.

URIN-STIMULIERUNG

- Bis zur 7. Woche können Eichhörnchen-Junge noch nicht selbstständig Urin absetzen. So können schädliche Harnstoffe in den Körper gelangen und Atemprobleme durch eine volle Blase auftreten.
- Streiche geduldig mit einem weichen, feuchten Tuch ohne Druck gleichmäßig über die Geschlechtsteile.

EIN RUHIGER RÜCKZUGSORT ist wichtig, damit Eichhörnchen sich vom Stress erholen können.

DAS KANNST DU TUN Sollte es nötig sein, dass du ein Eichhörnchen aufnimmst, bevor es in eine spezialisierte Auffangstation geht, befolge den 5-Schritte-Plan.

RUHE NACH DER RETTUNG Um sich von den Strapazen zu erholen ist es wichtig, das Eichhörnchen an einem ruhigen und geschützten Ort unterzubringen. Es sollte die Möglichkeit haben sich einzukuscheln und zu wärmen. Sind sie nicht zu unruhig, können Jungtiere zum Aufwärmen auch unter dem T-Shirt am Körper getragen werden. Auch wenn das Eichhörnchen wieder agiler wird, muss seine Umgebung so sicher sein, dass es nicht abstürzen oder sich anderweitig verletzen kann.

ZURÜCK ZUR MAMA Hast du ein Eichhörnchen-Junges gefunden, weil der Kobel zerstört wurde, kannst du einen Rückführungsversuch zur Mutter starten. Dafür sollte das Junge aufgewärmt und unverletzt sein. Platziere es in einem kuscheligen Karton sicher vor Räubern und anderen Gefahren in der Nähe des Fundorts und beobachte aus der Entfernung, ob die Mama erscheint. Auch am nächsten Tag sucht sie noch nach ihren Babys, am menschlichen Geruch stört sie sich dabei nicht.

ZUM TIERARZT? Einige Dinge sollten genauer untersucht werden, dabei gilt allerdings: Tierarzt ist nicht gleich Tierarzt. Viele kennen sich mit den speziellen Bedürfnissen von Eichhörnchen nicht aus. Frage explizit danach und ziehe gerne jederzeit eine Eichhörnchen-Beratungsstelle hinzu. Wunden, Verletzungen und Brüche sollte stets ein Tierarzt untersuchen, aber auch Parasiten können besonders für junge Eichhörnchen lebensbedrohlich sein. Keine Sorge: Für den Menschen sind sie nicht gefährlich. Es ist sehr wichtig, dass Eichhörnchen nicht mit einem „Spot-On" oder Entflohungsmittel behandelt werden – die sind lebensbedrohlich! Bei starkem Parasitenbefall kann einzig das Mittel „Stronghold" für Katzenwelpen in geringster Dosierung angewendet werden. Nimmt das Eichhörnchen keine Flüssigkeit an und ist dehydriert, muss ein Tierarzt subkutan Flüssigkeit zuführen. Auch der Urin ist wichtig: „Fischiger" Geruch über eine längere Zeit hinweg kann auf eine Nieren- oder Blasenentzündung hinweisen.

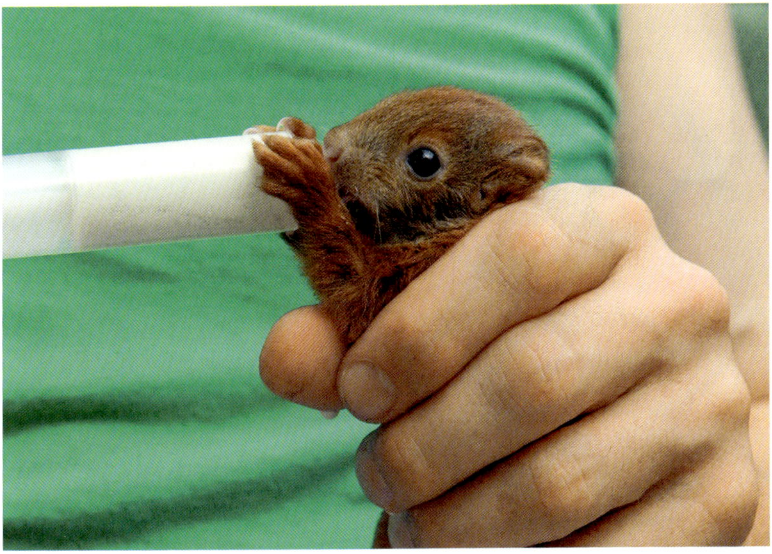

DIE AUFZUCHT junger Eichhörnchen gehört in professionelle Hände – im Internet findest du viele Anlaufstellen, die jahrelange Erfahrung und das notwenige Equipment haben.

BEZUGSQUELLEN

Auf dieser Seite findest du empfehlenswerte Anbieter für Futterkästen, Schlafhäuschen, Futter und weiteres.

MEIN BAUSATZ
Toller Bausatz für das Futterhaus „Villa Wim“ und den Kobel „Hotel Hazel“. Außerdem auch fertig montierte Häuschen für weitere Tiere und eine Eichhörnchen-Futtermischung. **TIPP**: Mit dem Gutscheincode „Eichhörnchen-Notruf5“ bekommst du 5 % Rabatt, außerdem erhält der Eichhörnchen Notruf e. V. eine Spende in Höhe von 5 % deines Einkaufs.
mein-bausatz.de

MEERIEKISTE
Gut geeignetes Eichhörnchen-Futter mit vielen tollen Zutaten. **TIPP**: Mit dem Gutscheincode „Eichhörnchen-Notruf“ gibt es 5 % Rabatt auf deinen Einkauf und es werden 10 % des Einkaufswertes an den Eichhörnchen Notruf e. V. gespendet.
meeriekiste.de/eichhoernchen-futter.html

PAULS MÜHLE
Verschiedene, nachhaltige Futtermittelspender, die Eichhörnchen vom Vogelfutter fernhalten, zudem werden Meisenknödel ohne Netz angeboten.
pauls-muehle.de

DESIGN BY SILLER
Siller hat das entworfene Eichhörnchen-Futterhaus und den Holz-Kobel gekonnt in die Tat umgesetzt, außerdem werden Unikate aus Metall und Holz nach eigenen Ideen handgemacht.
designbysiller.de

EMPFEHLENSWERTE SEITEN IM INTERNET

EICHHÖRNCHEN NOTRUF E.V.
Viele, gut sortierte Informationen rund um den Eichhörnchenschutz, u. a. zu Gefahren, zur Erste Hilfe, Fütterung und als allgemeine Aufklärung.
Außerdem das **SERVICETELEFON FÜR NOTFÄLLE**: 0700 200 200 12
eichhoernchen-notruf.com

AKTION TIER E.V.
Viele Informationen zum „Projekt Eichhörnchenseil", um flinke Nager sicher über Straßen zu bringen, aber auch ausführliches Wissen zu Eichhörnchen und anderen Tieren.
aktiontier.org/projekte-und-partner/projekt-eichhoernchenseil

EICHHÖRNCHENWALD FISCHEN IM ALLGÄU
Informationen und Verhaltensrichtlinien für den Eichhörnchenwald in Fischen im Allgäu. Hier kann man den süßen Nagern begegnen und ihnen ganz aus der Nähe bei ihrem emsigen Treiben zusehen. Füttern erlaubt, aber bitte in Maßen und nur mit geeignetem Futter.
eichhoernchenwald-fischen.de

BUND NATURSCHUTZ
Wenn du in Bayern wohnst, kannst du dich hier an der Aktion „Eichhörnchen beobachten und melden!" beteiligen.
bund-naturschutz.de/aktionen/eichhoernchen-beobachten-und-melden

BÜCHER ZUM WEITERLESEN

Bosch, S. u. P.W.W. Lurz (2011): **DAS EICHHÖRNCHEN**. Westarp Wissenschaften

Hecker, K. u. F. (2020): **MEINE VOGEL-SNACKBAR:** Vogelfutter selber machen. Kosmos

Hecker, K. u. F. (2022). **MACH WAS FÜR VÖGEL**. Kosmos

Oftring, B. (2022): **TIERISCH GUTER BALKON**. Kosmos

REGISTER

IMPRESSUM

Mit 166 Farbfotos, alle Bilder von **Frank Hecker**, außer auf Seite 58 ur (**Wolfgang Buchhorn/Frank Hecker**), auf Seite 11 u (**Jim Ferguson**),
23 u Kyros und 29 ur (**Rudolf Schmidt/Frank Hecker**).
Klappe hinten und außen: **Frederike Hecker**

Umschlaggestaltung von **Jorge Schmidt** unter Verwendung von verschiedenen Aufnahmen von **Wolfgangvogt_lb/Pixabay** und **Frank Hecker**.

Der Inhalt dieses Buches ist sorgfältig recherchiert und erarbeitet worden. Dennoch können weder Autoren noch Verlag für alle Angaben im Buch eine Haftung übernehmen.

Unser gesamtes Programm finden Sie unter **kosmos.de**.
Über Neuigkeiten informieren Sie regelmäßig unsere Newsletter, einfach anmelden unter **kosmos.de/newsletter**

FSC www.fsc.org MIX Papier | Fördert gute Waldnutzung FSC® C023164

Gedruckt auf chlorfrei gebleichtem Papier

ISBN: 978-3-440-17463-0
Redaktion: Ben Boden
Gestaltungskonzept: GRAMISCI Editorialdesign, München
Satz: Katrin Kleinschrot, Stuttgart
Produktion: Markus Schärtlein
Druck und Bindung: Longo AG, Bozen
Printed in Italy/ Imprimé en Italie

INTERVIEW MIT DER AUTORIN FREDERIKE HECKER

WIESO EIN BUCH ÜBER EICHHÖRNCHEN?

Jeder kennt Eichhörnchen und die meisten lieben sie, trotzdem wissen nicht viele, wie Eichhörnchen ihr Leben wirklich verbringen und was wichtig für sie ist. Diese Lücke möchte ich mit meinem Buch gerne schließen.

Die ersten verwaisten Eichhörnchen habe ich bereits als Kind mit aufgepäppelt, nun arbeite ich seit vielen Jahren ehrenamtlich für verschiedene Tierschutzvereine und in der Rettung verschiedener Haus-, Nutz-, und Wildtiere. Ich finde es großartig, wenn Menschen helfen möchten und ihnen das Wohl der (Wild-) Tiere am Herzen liegt! Mit der falschen Hilfe kann man aber leider auch großen Schaden anrichten. Mit dem richtigen Futter, einer Wasserschale, liegengelassenem Herbstlaub, dem Verzicht auf Gartengifte und Müllsammeln im Wald kannst du hingegen bereits kleine Wunder bewirken. Eichhörnchen sind keine Haustiere, sondern Wildtiere, deren Lebensraum immer weiter verschwindet. Mit den richtigen Maßnahmen können wir ihnen stückchenweise ein bisschen was zurückgeben - das versuche ich in die Welt zu tragen. Danke für deine Hilfe!

WAS MÖCHTEST DU DEN MENSCHEN GERNE ANS HERZ LEGEN?

Schaut nicht weg – seien es Igel, Eichhörnchen, Gartenvögel oder Stadttauben. Die meisten in Not geratenen Tiere sind dort letztendlich durch menschliche Einflüsse gelandet, denn durch Abholzungen, Landwirtschaft, Straßen- und Städtebau begrenzen wir ihren Lebensraum immer weiter. Gestaltet eure Gärten tierfreundlich, schafft Rückzugsorte und helft damit nicht nur Eichhörnchen.

FREDERIKE HECKER

MACH WAS FÜR **EICH-HÖRNCHEN**

SCHNELLE TIPPS
FÜR SÜSSE NAGER

KOSMOS